なぜなにはかせの 理科クイズ
4 動物のふしぎ

もくじ

なぜなにはかせの自己紹介 …………… 4

問題 1 ほ乳類って、どんな動物？ …………… 5

2 ネコの特ちょうは、どれ？ …………… 7

3 イヌのきゅう覚は、ヒトの何倍？ …………… 9

4 アフリカゾウの体重は、小学生何人分？ ……… 11

5 カンガルーとコアラの共通点は、何？ …… 13

6 ニホンザルの尾は、どれ？ …………… 15

7 狩りをするのは、ライオンのオス？ メス？ …… 17

8 キリンの首の骨は、いくつある？ …… 19

9 ネコのヒゲの働きで、まちがいはどれ？ …… 21

10 イヌのひざは、どこ？ …………… 23

11 生まれたてのパンダの体重は、どのくらい？ …… 25

12 ネコが高い場所から落ちた！ どうなる？ …… 27

13 エゾユキウサギの後ろ足が大きいのは、なぜ？ …… 29

14 モモンガの飛まくは、どれ？ …………… 31

15 チンパンジーとヒトの共通点ではないものは？ …… 33

16 チーターが走る速さは、どのくらい？ …… 35

17 正しい食物れんさのつながりは、どれ？ …… 37

日本に住むヤマネコ …………… 39

18 だれの角かな？ …………… 40

19 じゅ命が長い順に、ならべると？ …… 44

どうやって調べる？ 動物の年れい …………… 48

2

20 赤ちゃんコアラの特別食は、どれ？ ……………… 49

21 パンダは、どうやって竹をつかむ？ ……………… 51

22 ネコは、どこに汗をかくのかな？ ……………… 53

23 ネズミと同じ種類の動物は、どれ？ ……………… 55

24 ウサギは、どのはん囲まで見ることができる？ …… 57

25 ラクダのこぶには、何が入っている？ ……………… 59

26 ネコの目が変化するのは、なぜ？ ……………… 61

27 夏も毛が白いままの動物は、どれ？ ……………… 63

28 ゾウの歩き方は、どれ？ ……………………… 65

29 トラの耳の裏は、どんな模様？ ……………… 67

30 イヌは、どうやって水を飲む？ ……………… 69

31 冬眠する動物は、どれかな？ ……………… 71

32 群れで狩りをする動物は、どれ？ ……………… 73

33 ウシの体のしくみは、どれ？ ……………… 75

34 ヒトとのつきあいが古い順にならべると？ ……… 77

35 カバは昼間、どこにいる？ ……………… 79

36 爪を出したり、しまったりできる動物は、どれ？ …… 81

37 だれのひづめかな？ ……………………… 83

人間社会で活やくするイヌたち ……………… 85

38 だれの足あとかな？ ……………… 86

39 もともと日本に住んでいなかった動物は？ ………… 90

さくいん ……………………………… 94

3

問題1 ほ乳類って、どんな動物？

この本では、動物の中でも、おもに陸で生活する「ほ乳類」のクイズを出すよ。ほ乳類って、どんな動物のことをさすのかな。㋐〜㋖の中から、ほ乳類の特ちょうを4つ選ぼう。

㋐ 卵を産む。

㋑ 毛が生えている。

㋒ えらで呼吸をする。

㋓ 羽が生えている。

㋔ 気温が変化しても、体温を一定に保つ。

㋕ お乳で子どもを育てる。

㋖ 気温が変化すると、体温も変化する。

㋗ うろこでおおわれている。

㋘ 赤ちゃんを産む。

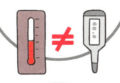

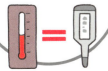

答え1 正解は イ オ カ ケ

ほとんどのほ乳類が持っている大きな特ちょうは4つ。「体の表面に、毛が生えている」「気温が変化しても、体温を一定に保つ」「子どもは、母親のおなかの中で育ち、親と似た形で生まれてくる」「子どもをお乳で育てる」だよ。わたしたちヒトもほ乳類だから、この4つの特ちょうにあてはまるね。

ほ乳類の4つの特ちょう

- 体の表面に毛が生えている
- 気温が変化しても、体温を一定に保つ
- 子どもは、母親のおなかの中で育ち、親と似た形で生まれてくる
- 子どもをお乳で育てる

例外！
カモノハシは卵を産むよ。卵から生まれた子どもは、お母さんのお乳で育つんだ。

メモ

この生き物も、ほ乳類。

コウモリ
鳥のように空を飛べる、ほ乳類。鳥類とは、つばさのつくりがちがうよ。

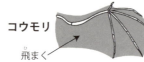

コウモリ　飛まく　　鳥　羽

イルカ
魚のように水中でくらす、ほ乳類。魚類とは、体のつくりがちがうよ。

イルカ　水面に出て、鼻孔で呼吸をする。　うろこは、ない。　尾びれが水平についている。　赤ちゃんを産み、乳で育てる。

魚　えらで呼吸をする　うろこでおおわれている。　卵を産む。　尾びれが垂直についている。

問題 2 ネコの特ちょうは、どれ？

ネコは、ペットとして人気だね。
次のア〜カのうち、ネコの特ちょうを表しているのは、どれかな？ すべて選んでみよう。

暗やみで、光を反射して目が光る。

ア

飛まくを広げて、かっ空できる。

イ

爪を出したり、引っこめたりできる。

ウ

舌がザラザラしている。
エ

歯がのび続ける。

オ

尾で物をつかめる。

カ

答え 2 　正解は ア ウ エ

ネコは、こく物をねらうネズミを退治するために、遠い昔にヤマネコから家ちく化されたんだ。現在はおもに、ペットとして飼われているね。

するどい歯
ナイフのようなきばで、えものをしとめる。ほとんどかまずに飲みこむ。

キラリと光る目
暗やみで目に光が当たると、自転車の反射板のように光る。

しまえる爪
するどい爪は、ゴムバンドのような「じん帯」と「けん」で、骨につながっていて、しまえるようになっている。

ザラザラの舌
舌にとげ状の突起があり、えものの骨から肉をこそげ取るのに役立つ。

問題3　イヌのきゅう覚は、ヒトの何倍？

イヌは、においをかぎ分ける力「きゅう覚」がとてもすぐれていることで有名だね。イヌは、ヒトと比べて、何倍くらいのきゅう覚を持っていると、いわれているかな？

ア　かぎ分けるにおいの、強さのイメージ。
2〜10倍くらいじゃないかな。

イ　10〜100倍くらいだよ。

ウ　100〜900倍くらいかな。

エ　数千〜1億倍くらいだと思うな。

9

答え3　正解は エ

イヌのきゅう覚は、においによってちがいはあるけれど、ヒトの数千倍から1億倍といわれているよ。犬種によって差があり、目元から鼻先にかけての「マズル」とよばれる部分が長いイヌほど、きゅう覚がすぐれているといわれているんだ。

マズルが長い	標準	短い
ボルゾイ	シバイヌ	パグ

イヌは、鼻の中のにおいを感じる部分の面積が広く、においを感じる細胞の数がヒトの約40〜50倍もあるんだ。しかも、その1つ1つが、とてもすぐれているんだよ。災害救助犬や警察犬は、この特ちょうを生かしているんだね。

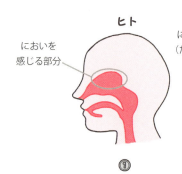

ヒト
においを感じる部分
においを感じる部分の広さは、1円玉と同じくらい、といわれている。

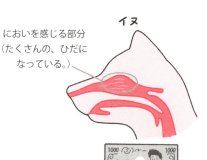

イヌ
においを感じる部分（たくさんの、ひだになっている。）
においを感じる部分の広さは、千円札と同じくらい、といわれている。

問題 4 アフリカゾウの体重は、小学生何人分？

地上最大の動物は、アフリカゾウだ。体重もそうとうありそうだね。アフリカゾウのオスの体重は、体重30kgの小学生何人分くらいだろう？

ア 5人分くらい

イ 20人分くらい

ウ 200人分くらい
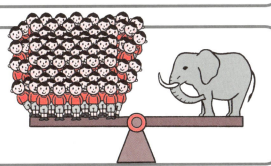

11

答え 4　正解は ウ

おとなのアフリカゾウの体重は、オスが5000〜7000kg、メスが2500〜3500kgくらいだよ。生まれたばかりの赤ちゃんゾウでも、体重が120kgくらいあるんだよ。

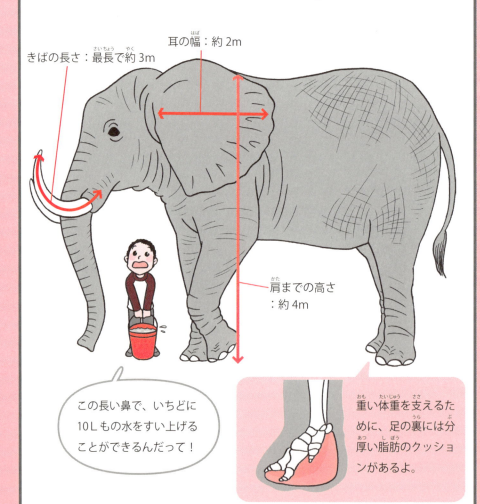

きばの長さ：最長で約3m
耳の幅：約2m
肩までの高さ：約4m

この長い鼻で、いちどに10Lもの水をすい上げることができるんだって！

重い体重を支えるために、足の裏には分厚い脂肪のクッションがあるよ。

問題 5 カンガルーとコアラの共通点は、何？

オーストラリアに生息していることで有名な、カンガルーとコアラ。この2つの動物の共通点は、何かな？

オーストラリア

ア どちらもユーカリの葉しか食べない。

イ どちらも木の上でくらす。

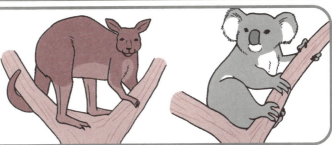

ウ どちらもおなかにふくろを持っている。

13

答え 5　正解は ウ

コアラもカンガルーも、生まれたばかりの赤ちゃんを、おなかのふくろに入れて育てるよ。こういうふくろを持った動物のことを「有たい類」というんだ。

ヒトをふくむ多くのほ乳類の赤ちゃんは、生まれてくるまでお母さんのおなかの中で「たいばん」という部分から、栄養をもらって大きくなる。けれどもコアラやカンガルーなどの有たい類は、このたいばんがなかったり、あまり発達していないため、赤ちゃんはとても小さいまま生まれてくるよ。

有たい類の赤ちゃんは、生まれるとすぐ自分の力でお母さんのおなかのふくろまでよじ登り、そのふくろの中でお乳を飲んで育つんだ。

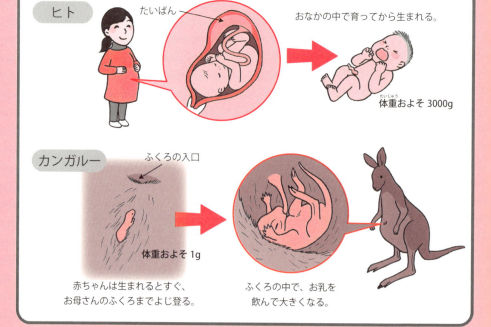

問題 6 ニホンザルの尾は、どれ？

動物園でおなじみの、ニホンザルは、もっとも北の地域でくらしているサルなんだ。さて、このニホンザルの尾はどんな形をしているかな？ ㋐〜㋔の中から選ぼう。

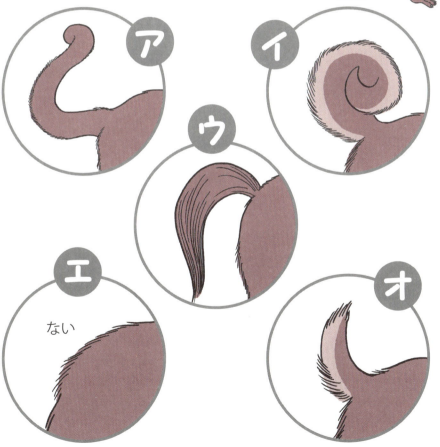

エ ない

答え 6　正解は オ

オナガザル科に属するニホンザルだけれど、尾はおよそ７〜12㎝と短いんだね。ニホンザルとよく似た姿のタイワンザルは、およそ26〜45㎝の長い尾を持っているよ。

ニホンザル

タイワンザル

メモ

わたしたちヒトも、サルの仲間だね。同じサル目ヒト科の中には、オランウータン、ゴリラ、ボノボ、チンパンジーなどがいるよ。みんな尾は持っていないね。これらの尾がないサルのことを「類人えん」ともよぶよ。

ゴリラ

オランウータン

ボノボ

チンパンジー

問題 7 狩りをするのは、ライオンのオス？メス？

ライオンは、単独で生活をするネコ科の動物の中では珍しく、群れで生活をするよ。では、その群れの中で狩りの仕事を担当するのは、
オスかな？
メスかな？

ア　オスだけだと思う。

イ　メスだけなんじゃないかな。

ウ　オスとメスで、協力するんだよ。

エ　オスとメス、交代でやるよ。

17

答え 7　正解は イ

ライオンの群れは、およそ4～12頭のメスや、その子どもたち、それに1～3頭のオスで構成されているんだ。その中で狩りの仕事をするのはメス。メスたちは、草原にいるガゼルや、シマウマ、ヌーなどのえものをねらい、チームプレーでつかまえるよ。

えものをつかまえるのはメスだけど、一番に食事をするのはオス。メスや子どもたちを追いはらって、オスだけが食べるんだ。オスが満腹になると、メスや子どもが食事をする番だ。
オスは昼間、寝ていることが多いよ。

じゃあ、オスは何もしないの？

いやいや、もちろんオスも働くよ。夜になると、なわばりを守るために歩き回り、ときには、よそのオスとはげしく戦ったりもするよ。また、キリンやカバなどの大型動物を狩るときは、オスが手伝うこともあるよ。

問題 8 キリンの首の骨は、いくつある？

キリンの首の長さは、約2.5mもあるよ。このため、ほかの動物たちにはとどかない高い木の葉が食べられるんだね。では、キリンの首の骨の数は、いくつかな？

ヒトの首の骨は、7個だよ。

ア
ヒトと同じ7個。1つ1つがとても大きいんだ。
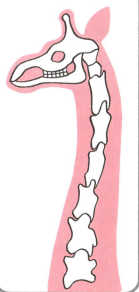

イ
ヒトより少ない4個。間は筋肉でつながっているよ。
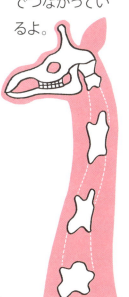

ウ
あんなに長いんだもん。10個はあるよ。
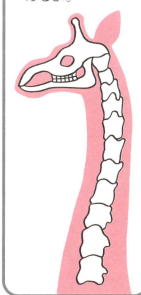

問題9 ネコのヒゲの働きで、まちがいはどれ？

ネコには、たくさんのヒゲが生えているね。このヒゲは、いろいろな役割をするんだ。㋐〜㋔の中に、ネコのヒゲの働きとして、まちがっているものが1つあるよ。それは、どれかな？

㋐ 口でくわえたえものの動きを知る。

㋑ 水を飲むときに顔との距離を測る。

㋒ 風や空気の流れを感じる。

㋓ 敵やえものをこうげきする。

㋔ せまいすき間を通れるか、測る。

答え 9　正解は エ

ネコのヒゲは、体をおおっているほかの毛よりも、2倍以上太く、3倍深く、皮ふにうまっているんだ。ヒゲの根元は、神経とつながっていて、いろいろな情報を脳に伝えているといわれているよ。

上毛　ここに何かあたると、反射的に目を閉じる。

上しん毛

きょう骨毛

頭下毛　口角毛

前足の後ろ側にもヒゲが生えている。

ヒゲが生えているのは、口のまわりだけじゃないんだね。

ネコにとってヒゲは、生きていくためにとても大切。切ったり抜いたりすると、元気がなくなってしまうこともあるんだ。

問題 10 イヌのひざは、どこ？

下の図は、ヒトの足と、イヌの後ろ足を比べたものだ。㋐〜㋒のうち、ヒトのひざにあたる部分は、どこかな？

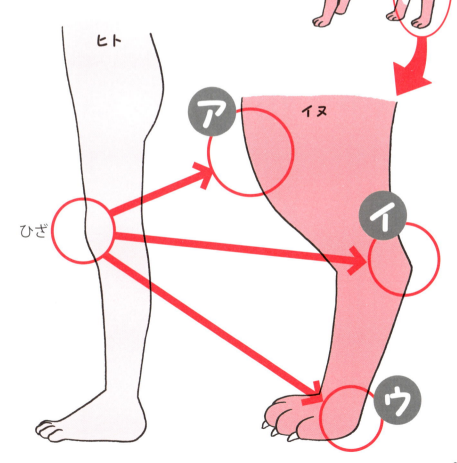

23

答え 10　正解は ア

イヌの足は、ヒトでいうと、つま先立ちの姿勢をしているのと同じなんだ。こういう形の歩き方を「指行性」というよ。イヌ科やネコ科の動物の歩き方は、みんな指行性だ。ヒトのように、足の裏全体を地面につける歩き方は「しょ行性」というんだ。クマやパンダなども、しょ行性だよ。また、ウマやウシなど、ひづめを持つ動物の歩き方は「てい行性」というんだ。

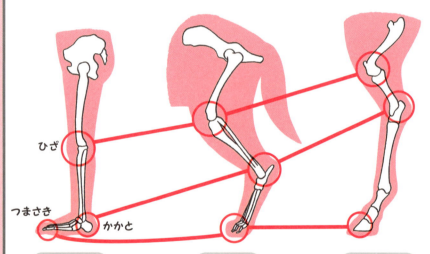

しょ行性
ヒト・クマ・パンダなど。
かかとをつけて歩く、安定した歩き方。

指行性
イヌ・ネコ・キツネなど。
音をたてずに、速く歩ける。

てい行性
ウマ・ウシ・ヒツジなど。
重い体重を支え、長い距離を速く走れる。

指行性と、てい行性の足は、速く走るのにとても適しているよ。ヒトも速く走るときは、かかとを上げているよね。

問題 11 生まれたてのパンダの体重は、どのくらい？

動物園で人気者のパンダ。
おとなのジャイアントパンダは、大きいもので、およそ体重 160 kg にもなるよ。
では、生まれたての赤ちゃんパンダの体重は、どのくらいかな？

ア　1 g くらい

イ　150 g くらい

ウ　3 kg くらい

エ　30 kg くらい

答え 11 　正解は イ

生まれたてのパンダの赤ちゃんは、体重がわずか100〜150g。おとなのパンダの900〜1000分の1くらいの重さしかないんだ。生まれたばかりのときは、ピンク色の皮ふに白い短い毛がまばらに生えているだけ。あの白黒模様ができるのは、生後1か月くらいからだよ。

生後数日
まだ毛もまばら。尾が目立つ。

生後1〜4週
白黒模様ができ始める。

生後2か月
このころから、自分で動けるようになる。

 メモ

元祖パンダ?! レッサーパンダ

ふだんわたしたちは、「パンダ」といえば白と黒のジャイアントパンダを、思いうかべるね。でも、ほかにもパンダと名前がついている動物がいるよ。レッサーパンダだ。ジャイアントパンダが発見されるより前は、パンダといえばレッサーパンダのことをさしたんだ。ジャイアントパンダが発見されて、「小さいほうの」という意味で、「レッサー」とつけられたんだ。

主食はジャイアントパンダと同じ、竹だよ。

問題 12 ネコが高い場所から落ちた！ どうなる？

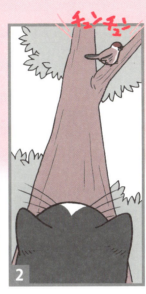

答え 12 足から着地する

ネコは耳の奥にある三半規管がとても発達している。三半規管は、体のバランスをとるために働く器官で、さかさまに落ちても、空中で正確に地面に着地する姿勢をとれるんだ。

まず、頭を水平にし、上半身を正しい位置にひねる。

下半身をひねり、着地しやすい姿勢にする。

尾はつねにバランスをとり、かじの役目をする。

まるめた背中と、弾力性のある関節と筋肉で、着地のしょうげきをやわらげる。

問題 13 エゾユキウサギの後ろ足が大きいのは、なぜ？

北海道にすむエゾユキウサギは、家庭で飼われているウサギに比べ、体に対する後ろ足の大きさが、とても大きいよ。
それは、なぜかな？

ア 雪の上を走りやすくするためだと思う。

イ キツネと戦うためだよ。

ウ 穴をほるためじゃないかな。

答え 13　正解は ア

わたしたちヒトは、雪の上を歩くとき、スキーやスノーシューを使うね。これは、より広い面積で着地することで、足が雪にしずみこむのを防ぐためだよ。エゾユキウサギの大きな足も、スキーやスノーシューと同じ役割をしているんだ。

スノーシュー

エゾユキウサギは体長約５０㎝。後ろ足の大きさは、約１７㎝。エゾユキウサギの後ろ足は、ヒトのおとなの手と、同じくらいの大きさなんだ。全体に毛が生えているので、足音をたてずに走ることができるよ。

問題 14 モモンガの飛まくは、どれ？

モモンガはリスの仲間だけれど、マントに似た「飛まく」を広げて、木から木へ飛びうつることができるよ。
さて、このモモンガの飛まくは、どんなふうについているかな？

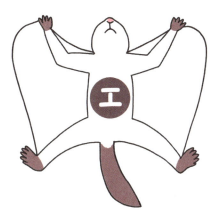

答え 14　正解は エ

モモンガのように、飛まくで風を受け、空中をすべるような飛び方のことを「かっ空」というよ。モモンガの飛まくは、首と前足の間、前足と後ろ足の間にあるんだ。ムササビはモモンガによく似ているけれど、モモンガより大きくて、後ろ足と尾の間にも飛まくがあるよ。

モモンガやムササビの前足手首近くには、やわらかいなん骨が長くのびている。かっ空するときは、このなん骨を使って、飛まくを広げるんだ。

ムササビ
体長 27〜48 cm

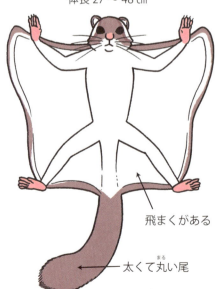

飛まくがある
太くて丸い尾

ニホンモモンガ
体長 14〜20 cm

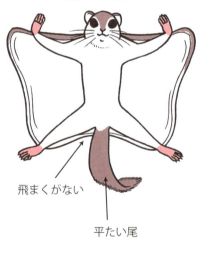

飛まくがない
平たい尾

問題 15 チンパンジーとヒトの共通点ではないものは？

わたしたちヒトもチンパンジーも、同じ「ヒト科」に属するよ。だから共通点も多いんだ。㋐〜㋓のうち、共通点ではないものが1つあるよ。それは、どれかな？

㋐

どちらも目が正面についているよ。

㋑

どちらも道具を使うよ。

㋒

どちらも指もんがあるよ。

㋓

どちらも2本足で歩くのがふつうだよ。

答え 15　正解は エ

チンパンジーは、おもに木の上で生活するため、後ろ足よりも前足の方が長いんだ。歩くときは、軽くにぎった前足の指の外側を地面につけて、4本足で歩くよ。この歩き方は「ナックル・ウォーク」といって、ゴリラやボノボも同じような歩き方をするんだ。ただし、訓練された場合や、短い距離なら、チンパンジーもヒトのように2本足で歩くことがあるよ。

チンパンジー

ニホンザルはてのひらを地面につけて歩くよ。

ボノボ　　ゴリラ

問題 16 チーターが走る速さは、どのくらい？

地上でくらす、ほ乳類の中で、もっとも速く走れる動物は、チーターだ。チーターの最高速度は、どのくらいかな？

ア

時速 15km くらい

イ

時速 100km くらい

ウ
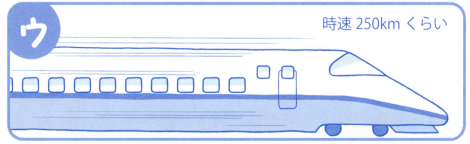
時速 250km くらい

答え 16　正解は イ

チーターの最高速度は、時速100kmをこえるといわれているよ。走り出してから、わずか2秒でおよそ時速72kmに達するんだ。ただし、あまり長い距離は走ることができない。全力疾走できるのは、400mくらいなんだ。チーターは、しなやかな背骨、強い筋肉、バランスをとるための長い尾、スパイクのように地面をとらえる爪などを持っていて、走るのに適した体をしているよ。

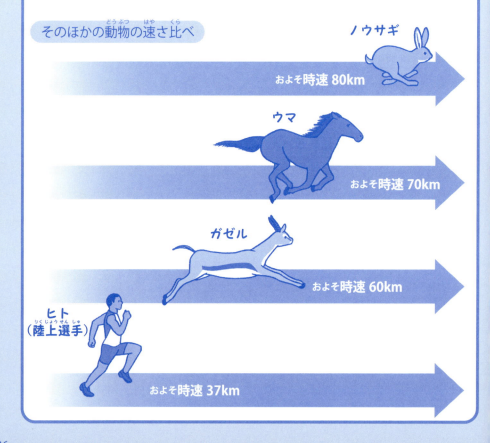

そのほかの動物の速さ比べ

ノウサギ　およそ時速80km
ウマ　およそ時速70km
ガゼル　およそ時速60km
ヒト（陸上選手）　およそ時速37km

問題 17　正しい食物れんさのつながりは、どれ？

木の葉を食べるキリン、キリンを食べるライオン…。このような生き物の間での「食べる、食べられる」関係のつながりを、「食物れんさ」というんだ。
次の㋐～㋒のうち、正しい食物れんさのつながりを表しているのは、どれかな？

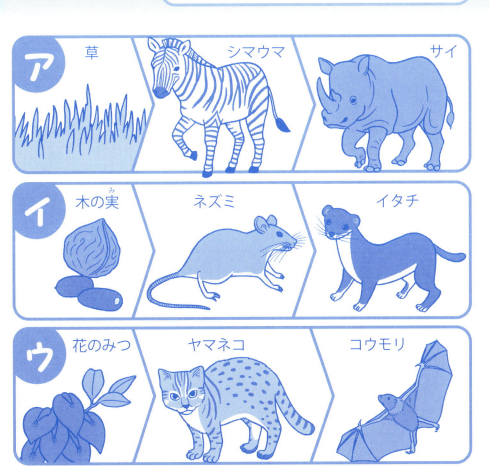

㋐　草　→　シマウマ　→　サイ

㋑　木の実　→　ネズミ　→　イタチ

㋒　花のみつ　→　ヤマネコ　→　コウモリ

答え 17　正解は イ

ネズミは、おもに木の実や、こく物などの植物を食べ、イタチは、ネズミやウサギなどの動物を食べるよ。草食動物は、植物を食べ、肉食動物は、ほかの動物を食べて、生きていくために必要な養分を得ているんだね。

⑦は、シマウマもサイも草食動物だから、食物れんさではないね。⑨は、花のみつをコウモリが吸い、そのコウモリをヤマネコが食べるから、食物れんさの順番がちがうよ。

食物れんさのピラミッド

植物は、日光を使って、でんぷんなどの養分をつくるけれど、生き物は食べないので「生産者」とよばれるよ。これに対して、動物は、植物やほかの動物を食べて養分を得るので、「消費者」とよばれるんだ。植物から草食動物、肉食動物へと食物れんさをたどると、その数は、しだいに少なくなって、上の図のようなピラミッド型になるよ。

日本に住むヤマネコ

日本に生息するヤマネコは、沖縄県西表島のイリオモテヤマネコと、長崎県対馬のツシマヤマネコ、この2種だよ。どちらも群れはつくらず単独で生活し、おもに夜活動するんだ。
そして、どちらも絶滅の危機にある。その原因は、開発などによる生息地である森林の縮小、野良ネコとのエサのうばいあい、交通事故などが原因と考えられているよ。

ツシマヤマネコ
推定 70〜100頭

イリオモテヤマネコ
推定 100頭

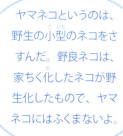

ヤマネコというのは、野生の小型のネコをさすんだ。野良ネコは、家ちく化したネコが野生化したもので、ヤマネコにはふくまないよ。

問題 18

だれの角かな？

角がある動物で、カードを作ったよ。
角の部分だけ、切り離してある。
①〜⑥の動物の順番に、㋐〜㋕の角の
カードをならべかえよう。

1 アジアスイギュウ

2 キリン

3 トムソンガゼル

4 ニホンカモシカ

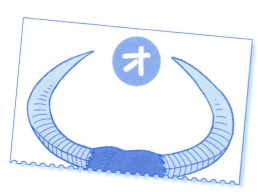

5 ニホンジカ

6 トナカイ

答え 18 オエカウアイ

1 アジアスイギュウ (オ)

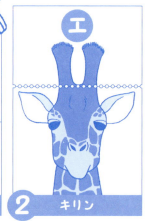
2 キリン (エ)

3 トムソンガゼル (カ)

4 ニホンカモシカ (ウ)

5 ニホンジカ (ア)

6 トナカイ (イ)

この中で、1年に1回角(つの)が生えかわるのは、シカ科のニホンジカとトナカイだよ。

動物の角の種類いろいろ

キリン科　…キリン

角は、頭からつき出た骨の表面を、皮ふがおおっている。

シカ科　…ニホンジカ・トナカイ

角は、骨が変化したもの。毎年生えかわる。年をとるごとに大きくなる。

シカの角は、早春に根元から落ちて新しい角が生えてくるんだ。生えてきた角は「袋角」といって、皮ふでおおわれているよ。秋ごろ、袋角の皮ふがはがれ落ちて、かたい角があらわれるよ。

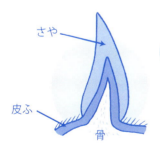

ウシ科

…アジアスイギュウ・トムソンガゼル・ニホンカモシカ

骨と皮ふとさやで、できている。さやは、角質というかたいタンパク質で、できている。角は一生かかって少しずつのび続ける。

サイ科

角は、毛が固まった角質でできている。骨はない。折れてもまた生えてくる。

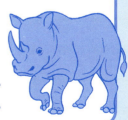

問題 19 じゅ命が長い順に、ならべると？

わたしたちヒトの平均じゅ命は、国によってもちがうけれど、日本人でおよそ80〜86才くらいといわれているよ。では、野生の動物たちは、どうだろう？次の㋐〜㋕の動物たちを、じゅ命の長い順にならべてみよう。

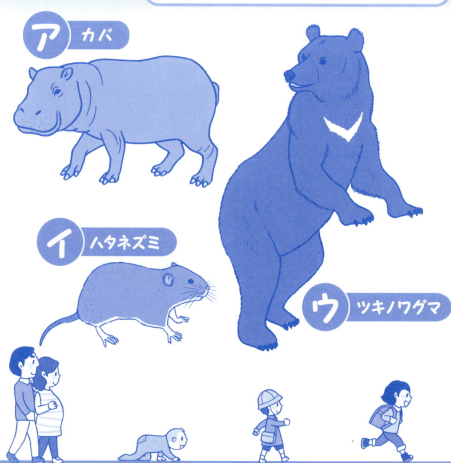

㋐ カバ
㋑ ハタネズミ
㋒ ツキノワグマ

答え 19 カアウオエイ

ほ乳類は、体が大きいほど長生きになることが多いよ。ここであげたのは、野生動物たちのおよそのじゅ命だ。動物園などで飼われている動物のじゅ命は、もっと長くなることが多いよ。敵におそわれることがないし、エサもたっぷりあるからだね。

カ アフリカゾウ　およそ70年
ア カバ　およそ40年
エ シマリス　およそ3年
オ アカギツネ　およそ4年
ウ ツキノワグマ　およそ25年
イ ハタネズミ　およそ1年

動物は、体が大きくて体重が重くなるほど、心臓が1回打つのにかかる時間が長くなる。ヒトはおよそ1秒、ハツカネズミは0.1秒、ゾウだと2秒かかるよ。また、呼吸や食べ物の消化にかかる時間も、体の大きさに比例して長くなるんだ。

じゅ命を心臓が1回打つ時間で割ると、どの動物もだいたい15億回になる。およそ1年しか生きないネズミも、約70年生きるゾウも、心臓が打つ回数は同じといわれているんだ。そう考えると、それぞれの動物が感じている時間の流れは、ちがうのかもしれないね。

心臓が打つ早さで計算すると、ヒトのじゅ命は、およそ50年。安定して食べ物があることや、医りょうが発達したことで、とても長生きになっているんだね。

どうやって調べる？ 動物の年れい

野生動物の誕生日は、いつなのか、わからないね。そこで、年れいやじゅ命を調べるのに、いろいろな方法が使われているよ。

歯で調べる

ほ乳類の歯の断面には、「成長層」といわれる年輪のようなものがあるよ。これを数えると、だいたいの年れいがわかるんだ。

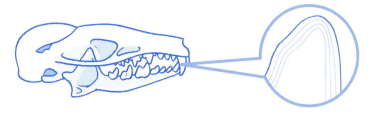

ウシ科の動物は角で調べる

ウシ科の動物の角は一生のび続け、季節によって成長に差がある。その差が「角輪」というリング状になるんだ。これを数えると、だいたいの年れいがわかるよ。

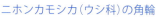
ニホンカモシカ（ウシ科）の角輪

標識をつけて調べる

一度つかまえた動物に、標識をつけたり、チップをうめこんで、その後の行動を観察する。いつ生まれたかの記録がないと、正しい年れいはわからないけれど、参考にはなるんだ。

問題 20 赤ちゃんコアラの特別食は、どれ？

コアラは、ユーカリという木の葉や若芽を食べる。このユーカリには毒があって、赤ちゃんのコアラは、まだ食べることができないよ。ユーカリを食べられるようになるまでの、特別食は、どれかな？

ア　ユーカリの木に生える、キノコだよ。

イ　ユーカリの木の皮じゃないかな。

ウ　虫をとって食べるはずだよ。

エ　お母さんコアラのフンを食べるよ。

答え20　正解は エ

コアラのお母さんは、赤ちゃんのために「パップ」とよばれる特別なふんをするよ。このパップの中には、かたいユーカリの葉を消化しやすくする、び生物や、ユーカリの毒を分解する、物質がふくまれているんだ。コアラの赤ちゃんにとって、大切な離乳食なんだね。

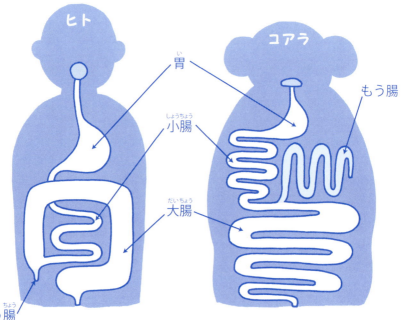

かたくて毒があるユーカリを消化するために、コアラのもう腸は、とても長くできているんだ。もう腸だけで、約2mもあるんだよ。

問題 21 パンダは、どうやって竹をつかむ？

パンダの主食は竹だね。ほかの草や、昆虫なども食べるけれど、食料の99%は、竹なんだ。パンダの前足には、竹をつかみやすくするための特ちょうがあるよ。どんな特ちょうかな？

ア 爪が長くて引っかけるようになってるよ。

イ 親指が大きく分かれていて、つかみやすいよ。

ウ ベタベタしていて、竹がくっつくよ。

エ 指のほかにでっぱりがあって、つかみやすいよ。

答え21　正解は エ

パンダの前足には、手首の骨が発達してできた、指のような"でっぱり"が2つあるんだ。親指の根元から出ているでっぱりを「とう側種子骨」、小指側の手首にあるでっぱりを「副手根骨」というよ。それぞれ「6本目の指」、「7本目の指」などとよばれることもあるんだ。このでっぱりがあるから、竹をしっかりとつかむことができるんだね。

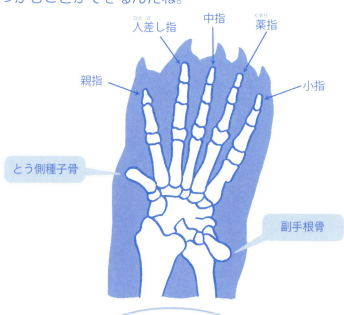

同じように竹を食べるレッサーパンダの前足にも、指以外のでっぱりがあるよ。

問題22 ネコは、どこに汗をかくのかな？

わたしたちヒトは、暑いときや、緊張したときなどに汗をかくね。では、ネコはどうだろう。どこに汗をかくのかな？ それとも、汗をかかないのかな？

ア 全身から汗をかくんだと思うな。

イ 足の裏に汗をかくんだよ。

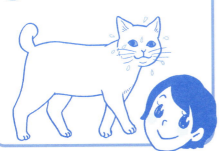

ウ ヒゲのまわりに汗をかくんじゃないかな。

エ まったく汗はかかないよ。

答え 22　正解は イ

夏の暑い日でも、ネコが汗でびっしょりになっている姿は見たことがないよね。毛でおおわれている体の大部分は、汗をかかないんだよ。けれども足の裏には、汗をかくんだ。肉球とよばれる、毛の生えていない足の裏のふくらみに、汗をかくことで、高い木の上や、細い塀の上を歩くとき、すべり止めになるよ。

ネコは、緊張したときにも、汗をかくよ。わたしたちヒトが、緊張したときに「手に汗にぎる」のと同じだね。

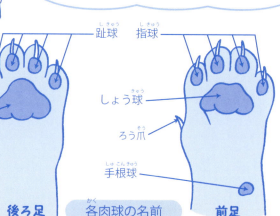

趾球　指球
しょう球
ろう爪
手根球
足底球
後ろ足　各肉球の名前　前足

メモ

肉球はおもに、ネコ科・イヌ科・クマ科・イタチ科などの動物にあるよ。

問題23 ネズミと同じ種類の動物は、どれ？

ネズミの前歯は、上下2本ずつ。のみのような形をしていて、一生のび続けるんだ。こういう歯を持つ動物を「げっ歯類」というよ。次のうち、ネズミと同じげっ歯類の動物は、どれかな？ すべて選び出そう。

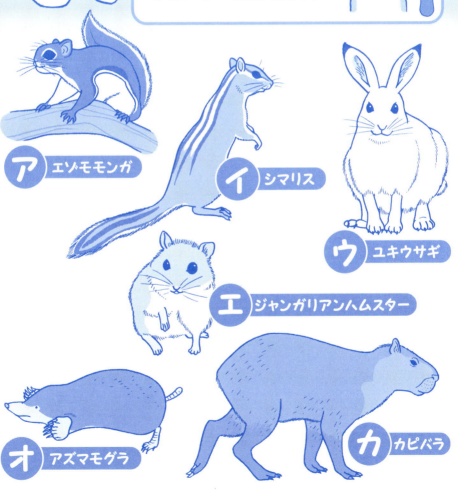

ア エゾモモンガ
イ シマリス
ウ ユキウサギ
エ ジャンガリアンハムスター
オ アズマモグラ
カ カピバラ

答え 23 アイエカ

ウサギの前歯も、ネズミと同じように一生のび続けるよ。形もよく似ているね。けれどもネズミの前歯が、上下2本ずつなのに対し、ウサギの上あごの前歯は4本あるんだ。裏側にもう2本、くさび形の小さな歯があるよ。

ネズミの頭の骨

前歯をかみ合わせるたびに、歯のやわらかい部分がすりへり、かたいエナメル質が、のみのようにするどくなる。

ウサギの頭の骨

上あごの前歯が二重に生えていて、4本ある。

モグラの仲間には、カワネズミやトガリネズミなど、名前に「ネズミ」とつくものが多いけれど、体のつくりはネズミと大きくちがうよ。ネズミやウサギは草食動物だけど、モグラは、ミミズや昆虫を食べる肉食動物なんだ。

モグラの頭の骨

問題 24 ウサギは、どのはん囲まで見ることができる？

ウサギは、どのくらいのはん囲まで、見ることができるのかな？
㋐〜㋓の中から、もっとも近いものを1つ選ぼう。

両目で見えるはん囲

㋐

㋑

片目で見えるはん囲

㋒

㋓

答え24　正解は ア

わたしたちヒトの目とちがって、ウサギの目は顔の横についているね。これは、より広いはん囲を見るためなんだ。キツネやオオカミなどの天敵が近づいたら、す早くにげられるよう、ウサギの目は自分の真後ろまで見えるんだよ。

両目で見えるはん囲は、ものが立体的に見える。

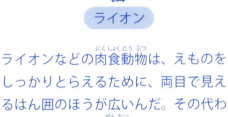

ヒト　　ライオン

シマウマ

ライオンなどの肉食動物は、えものをしっかりとらえるために、両目で見えるはん囲のほうが広いんだ。その代わり、見えるはん囲全体はせまいよ。
シマウマなどの草食動物は、両目で見えるはん囲はせまいけれど、見えるはん囲全体が、広くなっているんだ。おそってくる肉食動物に、早く気がつけるようになっているんだね。

問題 25 ラクダのこぶには、何が入っている？

水や食料となる草が少ない砂ばくでも、生きていけるラクダは、家ちくとしても人々と長いつきあいだね。
さて、ラクダのこぶの中には、何が入っているのかな？

ア 水が入っているんじゃないかな。

イ 中は筋肉だと思うよ。

ウ 脂肪のかたまりだと思うよ。

エ 骨が入っているはずだよ。

答え 25　正解は ウ

ラクダのこぶの中には、脂肪という油のかたまりが入っているんだ。食べ物が少ないときは、この脂肪を栄養や水に変えて生きていくよ。だから長い間、何も食べないと、こぶがしぼんじゃうんだ。

ラクダの体には、砂ばくで生きていくためのしくみが、いろいろとあるよ。

まつ毛が二重に生えていて、砂から目を守る。

砂が入らないよう、鼻の穴はぴったりと閉じることができる。

背中に脂肪が入ったこぶがあることで、強い日ざしから体を守る。

足の裏は大きくて平たい。肉球のようにやわらかいよ。砂にしずみにくくなっているんだね。

問題26 ネコの目が変化するのは、なぜ？

ネコの目をよく見てみると、中心にある黒い部分が大きいときと、細くなっているときがあるね。どういうときに変化するのかな？

  →

ア
周りの色にあわせて変化するんだよ。

イ
気温によって変化するんだと思う。

ウ
周りの明るさによって変化するのかも。

エ
とくに決まりはないんじゃないかな。

答え 26　正解は ウ

ネコの目の中心にある黒い部分は、「どうこう」といって、光をとり入れる働きをするんだ。ヒトなど、ほかの動物の目にもあるよ。明るい場所では光を多く必要としないため、ネコのどうこうは細くなる。逆に暗い場所ではより多くの光をとり入れるために、ネコのどうこうは大きく広がるんだ。また、えものをつかまえようとするときも、よく見るために、どうこうが広がるよ。

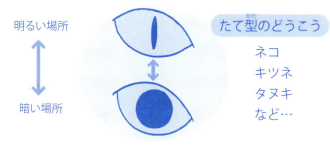

どうこうには、いろいろな形がある。

問題 27 夏も毛が白いままの動物は、どれ？

雪がたくさん降るような寒い地域では、冬と夏で毛の色が変わる動物がいるよ。㋐〜㋓は、雪や氷の景色にとけこむ、白い毛の色の動物たちだ。
さて、この中で夏になっても毛の色が変わらないのは、どれかな？

㋐ ホッキョクギツネ
㋑ ユキウサギ
㋒ オコジョ
㋓ ホッキョクグマ

答え 27　正解は エ

ホッキョクギツネ、ユキウサギ、オコジョは、春になると毛が生え変わり、色も茶色や黒っぽい色に変わるんだ。雪がとけ、周りの景色に緑色や茶色が多くなると、目立たないように毛の色も変わるんだね。ホッキョクグマも、毛は生え変わるけれど、毛の色は変わらないよ。

📎メモ

シロクマは白くない?!

その白さから、シロクマともよばれるホッキョクグマ。けれども、その地肌は黒いんだ。白く見える毛も、実は白ではなく透明なんだよ。これは太陽の熱を吸収しやすくするためなんだ。さらに、毛の1本1本は、空洞になっていて、外気の寒さをさえぎっている。
どちらも、極寒をたえるためのしくみなんだね。

問題 28 ゾウの歩き方は、どれ？

ゾウが歩くところを、見たことがあるかな？
ゾウが歩くときの足の運び方は、⑦と①のどちらだろう。

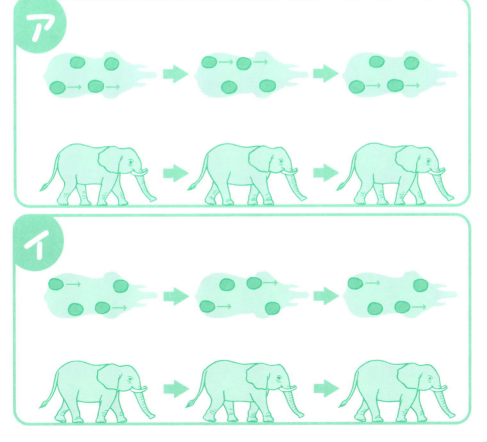

答え 28 　正解は ア

ゾウは歩くとき、同じ側の足を同時に動かすんだ。こういう歩き方を「側対歩」といい、キリンやラクダも同じ歩き方をするよ。そのほかの動物の多くは、左右の足を交ごに出す「斜対歩」という歩き方をする。ヒトも歩くときは、手と足を交ごに出すね。

側対歩は、足が長い大型の動物に多いんだ。左右交ごに足を出すと、長い前足と後ろ足がぶつかってしまうんだね。

問題 29 トラの耳の裏は、どんな模様？

ネコ科の中で、もっとも大きな動物はトラ。体の模様が特ちょう的だね。
では、トラの耳の裏側は、どんな模様かな？ ア〜エの中から1つ選ぼう。

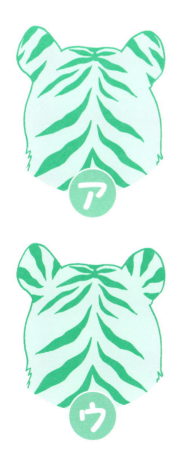

答え 29　正解は イ

トラのほかに、ヒョウやヤマネコなど、多くのネコ科の動物には、耳の裏に白い模様があるよ。

ヒョウ

ツシマヤマネコ

サーバル

この白い模様は、仲間どうしの目印になるといわれているよ。

問題 30 イヌは、どうやって水を飲む？

イヌが水を飲むところを、見たことがあるかな？ イヌは、どうやって水を飲むのだろう。㋐～㋓の中から、1つ選ぼう。

㋐ 水に口をつけて、ガブガブ飲むよ。

㋑ 舌を出し入れして、舌についてきた水を飲むんだよ。

ウ 舌の表側をスプーンみたいにして、水をすくうんだよ。

エ 舌の裏側をスプーンみたいにして、水をすくうんだよ。

答え30 正解は エ

イヌの長い舌は、スプーンのように曲げて水を飲むことができるんだ。その際に、舌の裏側を使うよ。ネコも一見同じような飲み方に見えるけれど、④のやり方で飲んでいるんだ。
イヌの舌は、甘さは感じやすいけれど、そのほかの味はあまりわからないんだ。食べ物の味よりも、においで好き嫌いを決めているようだよ。

水を飲んだり、味を感じたりする以外に、もう1つイヌの舌には重要な役割があるよ。それは体温を下げることだ。全身を毛でおおわれているイヌは、ヒトのように汗をかいて体温を下げることができない。その代わりに舌を出し、ハァハァと息をすることで、体温調節をするんだ。

問題 31 冬眠する動物は、どれかな？

冬が厳しい地域に住む動物の中には、冬眠するものもいるよ。
次の㋐〜㋔のうち、冬眠する動物はどれかな？　すべて選び出そう。

㋐ ヤマネ
㋑ ユキウサギ
㋒ タヌキ
㋓ シマリス
㋔ ツキノワグマ

答え31 正解は ア エ オ

ヤマネや、シマリスは食べ物の少ない時期に活動を停止して、エネルギーをなるべく使わないように、冬眠するよ。約6000種のほ乳類のうち、およそ200種類が冬眠するといわれているんだ。冬眠中は、心臓の動きや呼吸がゆっくりになり、体温が下がる。体温の下がり方や食物のとり方などから、冬眠のしかたは、大きく「シマリス型」、「ヤマネ型」、「クマ型」に分けられるよ。

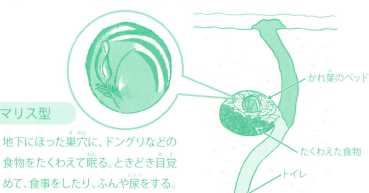

シマリス型
地下にほった巣穴に、ドングリなどの食物をたくわえて眠る。ときどき目覚めて、食事をしたり、ふんや尿をする。

ヤマネ型
冬眠を始める前に、たくさんの食物を食べ、脂肪をたくわえる。冬眠中は食事の必要がなく、ときどき目覚めて排尿をする。

クマ型
冬眠前に、たくさんの食物を食べ、脂肪をたくわえる。冬眠中は食事も、ふんや尿もいっさいしない。メスは冬眠中に出産する。

答え32　正解は ア イ エ

イヌ科の動物は、長距離走に向いた体をしている。オオカミなどは、ねばり強くえものを追いまわし、えものが疲れて弱ってきたところをおそいかかるんだ。この狩りのしかたは、自分たちより体の大きなえものをしとめるのに、とくに有効だよ。アカギツネやフェネックも、イヌ科の動物だけれど、狩りは群れではなく、単独でするよ。

オオカミの狩り

① えものを見つけると、子どもや弱っているものに、ねらいを定める。

② リーダーが先頭をきって、群れで追跡を開始！

③ 先頭はつねに交代して、リレー式でスピードを保つ。

④ えものが弱ってきたところで、しりやわき腹にかみつく。

メモ

イヌもオオカミと同じように、群れで生活する習性を持っているよ。ヒトとくらすイヌにとっては、家族が1つの群れなんだ。そのため、イヌは家族の中でリーダーなどの順位を決めている、と考えられているよ。

問題 33 ウシの体のしくみは、どれ？

ウシには、かたい植物もよく消化できるように、特別な体のしくみがあるよ。それは何かな？
㋐〜㋓の中から2つ選ぼう。

ア 胃の中に石が入っていて、すりつぶすんだよ。

イ 胃が強い筋肉でできていて、すりつぶすのかも。

ウ 胃の中のものを口にもどして、何度もかむんだよ。

エ 胃が4つあって、よく消化するんじゃないかな。

75

答え 33 正解は ウ エ

ウシの胃は4つに分かれていて、それぞれ働きがちがうんだ。胃の中で消化しきれない植物は、口へもどされ、もう一度よくかむんだよ。これを「反すう」というよ。さらに胃の中には、び生物がいて、消化を助けているんだ。

食べた草は、第1胃に入る。

第1胃と第2胃を行き来しながら、び生物の力を借りて消化する。

細かくしきれなかった草は、口へもどされ、もう一度よくかむ。

草が充分細かくなると、第3胃、第4胃へと送られ、腸へ送られる。

ウシ以外では、ヤギ・ヒツジ・キリン・シカなども、反すうを行うよ。

問題 34 ヒトとのつきあいが古い順にならべると？

大昔から人々は、動物を飼いならし、家ちくやペットにして、つきあってきたよ。次のア〜カの動物を、ヒトとのつきあいが古い順にならべよう。

ア ネコ
イ ウシ
ウ ウマ
エ ヒツジ
オ イヌ
カ ブタ

答え 34 オエカイアウ

大昔から人々は、野生動物を狩って食料にしてきた。その狩りを手伝わせたり、肉や皮を利用したりするために、いろいろな動物を家ちく化していったといわれている。より人々のくらしに役立てるため、品種改良は現在でも行われているよ。

20000年以上前 — イヌ：狩りや番犬のために、オオカミを家ちく化。

12000〜11000年前 — ヒツジ：肉や乳、毛を利用するために、野生のヒツジのムフロンを家ちく化。

10000年前 — ブタ：肉や皮を利用するために、イノシシを家ちく化。

8000年前 — ウシ：肉や乳、皮を利用するために、野生のウシのオーロックスを家ちく化。

7000年前 — ネコ：ネズミを退治するため、リビアヤマネコを家ちく化。

6000年前 — ウマ：食用や運ぱんに利用するため、野生のウマやモウコノウマを家ちく化。

カバは昼間、どこにいる？

大きな口が特ちょうのカバ。アフリカでくらしているよ。カバは一日のほとんどを、ある場所で過ごすよ。
どんな場所かな？
㋐〜㋓の中から1つ選ぼう。

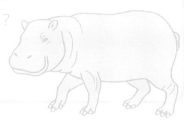

㋐ おいしげった草の中
㋑ すずしい木かげ
㋒ 日当たりのいい草原
㋓ 川や湖の水中

答え 35　正解は エ

アフリカの日差しは、とても強い。カバの皮ふは、かんそうなどに弱いので、1日のほとんどを水の中で過ごすんだ。食事のときは、草原に出ていくよ。食べるのは、地上に生えているイネ科の草だ。

目・鼻・耳が顔の上のほうにあり、すぐに水面の上に出せる。

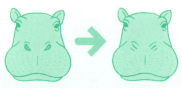

水が入らないように、鼻の穴を閉じることができる。

水中でのくらしに適した体

体が重いので、泳ぐのではなく、水の底を歩く。4～5分もぐっていられる。

カバは、皮ふから赤いねばりのある液を出して、紫外線や細菌から皮ふを守るんだ。

カバは草食のおとなしい動物だと思われているけれど、なわばり意識が強いんだ。ほかのなわばりからきたカバや、侵入者を、おそうこともあるんだよ。

答え 36　正解は アイエ

爪をしまえるのは、ネコ科の動物の特ちょうの1つだ。爪は、えものを狩るのに重要な武器。だから、すり減ったりしないよう、また、えものに近づくときに足音がしないよう、しまえるしくみになっているんだね。ところが、ネコ科の中でも、チーターだけは爪がしまえないんだ。チーターは、とても足が速いので、足音をしのばせて、えものに近づく必要がない。爪がスパイクの役割をして、速く走ることができるともいわれているよ。

ネコ科の動物は、大切な爪をつねにするどくしておくために、爪とぎをするんだ。木などをひっかくことで、古くなった外側の爪をはがすんだよ。

問題 37 だれのひづめかな？

ウマやキリン、サイ、ウシなど、おもに植物を食べてくらす大型の草食動物の多くは、重い体を支えて走れるように、がんじょうな爪を持っている。これを「ひづめ」というよ。では、この絵のひづめを持つ動物は、㋐〜㋒のどれかな？

これは、足の裏。灰色の部分が、ひづめだよ。

㋐ キリン
㋑ シマウマ
㋒ サイ
㋓ シカ
㋔ ウシ

答え 37 正解は ウ

ひづめは、その数によって大きく2種類に分けられるんだ。ひづめを持つ指の数が1本か3本のき数なら「きてい類」、2本か4本のぐう数なら「ぐうてい類」というよ。サイのひづめの数は3本だから、きてい類だね。これらの動物は、もともとは5本指だったといわれている。進化するにしたがって、走るために必要のない指を減らしていったと考えられているよ。

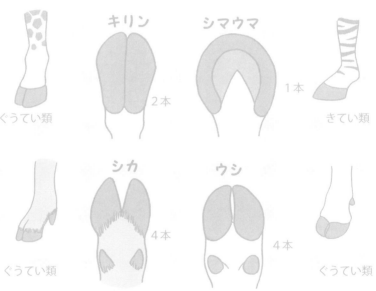

ひづめを持つ動物の歩き方を「てい行性」というのは、24ページで学んだね。天敵からにげるため、より速く走れる足の形になっているんだ。ヒトでいうと、バレリーナのように指先だけで立っているのと同じなんだよ。

人間社会で活やくするイヌたち

するどい鼻や速い足など、すぐれた能力を生かして、イヌは人間社会でいろいろな仕事をしているよ。それぞれの仕事に適したイヌを、特別に訓練しているんだ。

警察犬

においを手がかりに、犯人や行方不明者などを探す。

盲導犬

目の不自由な人が外出するときに、安全に歩けるよう、段差や障害物などを知らせる。

災害救助犬

地しんや災害時、がれきや土砂にうもれてしまった人などを、においで探す。

聴導犬

耳が不自由な人のために、チャイムやブザー、警報機の音などを知らせる。

介助犬	体の不自由な人のために、落とした物を拾う、ドアを開け閉めするなど、生活の手伝いをする。
麻薬探知犬	港や空港、国際郵便など、外国から人や物が入って来る場所で、麻薬がないかどうか、においで探す。
牧羊犬	牧場で、ヒツジやヤギの群れを、迷子が出ないようにまとめたり、野生動物から守る。
そり犬	寒い地方で、人や物を運ぶためのそりをひく。

問題 38 だれの足あとかな？

雪原に動物の足あとを見つけたよ。だれの足あとかな？①〜⑥の足あとの順に、㋐〜㋕の動物をならべよう。

㋐ ネズミ

㋑ キツネ

㋒ ウサギ

① ② ③

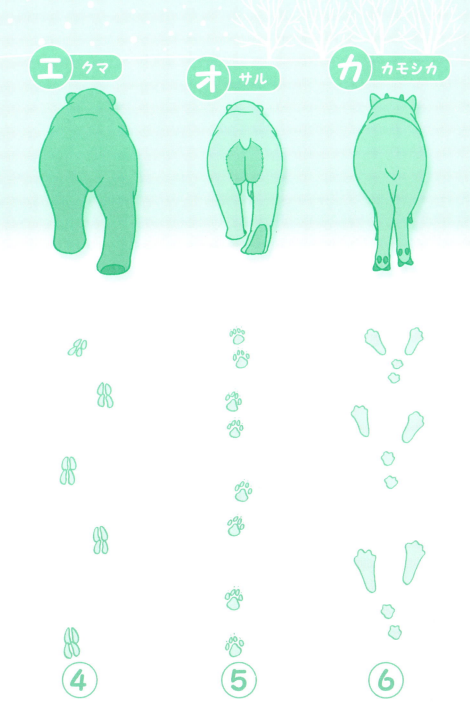

答え38 エアオカイウ

足の形、歩き方を知ることで、どの動物の足あとかが、わかるよ。1つずつ見ていこう。

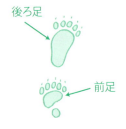

クマの指は5本。すべて同じむきについているよ。するどい爪のあとも、くっきり残っているね。

ネズミの足あとは、2つずつならんでつくよ。中央の線は、尾をひきずったあとだ。

サルの足あとは、ヒトの子どもの手みたいだ。後ろ足の親指に特ちょうがあるのが、よくわかるよ。

カモシカの足あとは、ひづめの形がつくんだね。

キツネの足あとは、ほぼ一直線上につくのが特ちょうだ。

ウサギの足あとは、前足の前に後ろ足がつくよ。前足を追いこして後ろ足が着地するからだね。

問題 39 もともと日本に住んでいなかった動物は？

もともと住んでいない地域に持ちこまれて、定着した動物のことを「外来種」というよ。次の㋐～㋗の中で、もともと日本にいなかった外来種は、どれかな？5つ選び出そう。

もともとその地域に長く住んでいる動物は「在来種」というよ。

㋐ ヌートリア

㋑ イリオモテヤマネコ

㋒ マングース

答え 39　アウオキク

外来種は、外国から輸入した荷物にまぎれこんでいたり、ペット用に外国から連れてきたものがにげ出したり、人間が野山に放ったりして野生化したものなんだ。日本には、およそ2000種以上の外来種がいるといわれているよ。今、日本の自然環境は、外来種によって大きなえいきょうを受けているんだ。

ヌートリア

毛皮をとるために輸入され、野生化したといわれている。農作物や水辺の植物を食べてしまう。

マングース

毒ヘビのハブを退治するために放たれたといわれている。ハブではなく、アマミノクロウサギやヤンバルクイナをおそってしまう。

アライグマ

ペットがにげ出したものが野生化したといわれている。農作物や家ちくを食べてしまったりする。お寺の文化財をきずつけてしまうことも問題に。

ミンク

毛皮をとるために輸入され、野生化したといわれている。ノネズミなどをおそうほか、飼われているニワトリを食べてしまったりする。

タイワンザル

閉園した動物園からにげ出し野生化したといわれている。農作物を食べてしまう。また、在来種のニホンザルとの間に子どもをつくってしまうことも問題に。

外来生物法

外来種による被害が、日本国内に広がらないように作られた法律が「外来生物法」だ。
外国やほかの地域から持ちこまれた生物のうち、在来種や農作物などに悪えいきょうをあたえる生物を「特定外来生物」に指定しているんだ。特定外来生物は、次のようなことが禁止されているよ。

飼う　　移動させる　　輸入する　　人にゆずる　　野外に放す

環境省ホームページ http://www.env.go.jp/

さくいん

あ

アカギツネ - 45,46,73,74
赤ちゃん - 5,6,12,14,25,26,49,50
足 - 12,20,23,29,30,34,51,52,54,65,66,82,86,88,89
アジアスイギュウ - 40,42,43
アズマモグラ - 55
汗 - 53,54,70
アフリカゾウ - 11,12,45,46
アマミノクロウサギ - 92
アライグマ - 91,92
イタチ - 37,38,54
イノシシ - 78
イヌ - 9,10,23,54,62,69,70,73,74,77,78,85
イリオモテヤマネコ - 39,90
イルカ - 6
ウサギ - 29,38,56,57,58,86,89
ウシ - 48,62,75,76,77,78,83,84
ウマ - 36,77,78,83
うろこ - 5,6
エゾモモンガ - 55,91
エゾユキウサギ - 29,30
えら - 5,6
尾 - 7,15,16,20,26,28,32,36,88
オーロックス - 78
大型動物 - 18
オオカミ - 58,62,73,74,78,81
オコジョ - 63,64,81
オナガザル - 16
尾びれ - 6
オランウータン - 16

か

介助犬 - 85
外来種 - 90,92,93
外来生物法 - 93
角質 - 43
肩 - 12
ガゼル - 18,36
家ちく - 8,77,78
カバ - 18,44,46,79,80
カピバラ - 55
カモシカ - 87,89
カモノハシ - 6

さ

狩り - 17,18,73,74
カワネズミ - 56
カンガルー - 13,14
気温 - 5,6
キツネ - 29,38,58,62,86,89
きてい類 - 84
きば - 8,12
キリン - 18.20,37,40,42,43,76,83,84
きゅう覚 - 9,10
きょう骨毛 - 22
ぐうてい類 - 84
首 - 19,20
クマ - 54,72,87,88
毛 - 5,6,22,26,30,43,54,63,64
警察犬 - 10,85
げっ歯類 - 55
コアラ - 13,14,49,50
口角毛 - 22
コウモリ - 6,37,38
こぶ - 59,60
ゴリラ - 16,34

さ

サーバル - 68
サイ - 37,43,83,84
災害救助犬 - 10,85
在来種 - 90
細胞 - 10
魚 - 6
さや - 43
サル - 15,16,87,88
三半規管 - 28
指行性 - 24
シカ - 42,43,62,76,83,84
趾球 - 54
指球 - 54
舌 - 7,8,20,69,70
シバイヌ - 10
シマウマ - 18,37,38,58,83,84
シマリス - 45,46,55,71,72
ジャイアントパンダ - 25,26
斜対歩 - 66
ジャンガリアンハムスター - 55
手根球 - 54

し（じゅ命）

じゅ命 - 44,46,47,48
しょう球 - 54
上しん毛 - 22
消費者 - 38
上毛 - 22
食物れんさ - 37,38
しょ行性 - 24
シロクマ - 64
心臓 - 47
じん帯 - 8
生産者 - 38
成長層 - 48
ゾウ - 47,65,66
草食動物 - 38,56,58,83
側対歩 - 66
足底球 - 54
そり犬 - 85

た

体温 - 5,6,70,72
体重 - 11,12,14,25,26,47
たいばん - 14
タイワンザル - 16,91,92
タヌキ - 71
卵 - 5,6
チーター - 35,36,62,81,82
乳 - 5,6,14
聴導犬 - 85
チンパンジー - 16,33,34
ツキノワグマ - 44,46,71
ツシマヤマネコ - 39,68
角 - 40,42,43,48
角輪 - 48
爪 - 7,8,36,51,81,82,88
てい行性 - 24,84
頭下毛 - 22
どうこう - 62
とう側種子骨 - 52
冬眠 - 71,72
トガリネズミ - 56
特定外来生物 - 93
トナカイ - 41,42,43
トムソンガゼル - 41,42,43
トラ - 62,67,68,81
鳥 - 6

な

ナックル・ウォーク ------ 34
ナマケモノ ------------ 20
なわばり ------------- 80
におい -------------- 9.10
肉球 -------------- 54,60
肉食動物 --------- 38,56,58
ニホンザル ------ 15,16,34,92
ニホンジカ -------- 41,42,43
ニホンモモンガ --------- 32
ニワトリ ------------- 92
ヌー -------------- 18
ヌートリア ---------- 90,92
ネズミ --------- 8,37,38,47,
　　　　　　　　　55,56,86,87
ネコ --------- 7,8,17,21,22,
　　　　　　　27,28,39,53,
　　　　　　　54,61,62,67,
　　　　　　68,70,77,78,81,82
年れい -------------- 48
ノウサギ ------------ 36
ノネズミ ------------ 92
野良ネコ ------------ 39

は

歯 -------- 7,8,48,55,56
鼻 ----------- 10,60,80
パグ -------------- 10
ハタネズミ --------- 44,46
ハツカネズミ --------- 47
パップ -------------- 50
羽 --------------- 5,6
ハブ -------------- 92
炭すう ------------- 76
パンダ -------- 25,26,51,52
ヒゲ ----------- 21,22,53
ひざ -------------- 23
び生物 ----------- 50,76
ヒツジ ----- 62,76,77,78,85
ひづめ --------- 83,84,89
ヒト ----- 6,9,10,14,16,19,20,
　　　　23,30,33,34,36,44,
　　　47,53,54,58,62,70,77,84
皮ふ ---------- 22,43,80
飛まく -------- 6,7,31,32

ま

ヒョウ ------------- 68
ピューマ ----------- 81
品種改良 ----------- 78
フェネック --------- 73,74
副手根骨 ----------- 52
ふくろ ----------- 13,14
袋角 -------------- 43
ブタ ------------- 77,78
ふん ------------ 50,72
ペット --------- 8,77,92
牧羊犬 ------------ 85
ホッキョクギツネ ------ 63,64
ホッキョクグマ ------- 63,64
ほ乳類 ---- 5,6,14,35,46,48,72
骨 ------------ 8,19,20
ボノボ ---------- 16,34
ボルゾイ ------------ 10

マズル ------------- 10
マナティー ----------- 20
麻薬探知犬 ---------- 85
マングース --------- 90,92
ミミズ ------------ 56
ミユビナマケモノ -------- 20
ミンク ----------- 91,92
ムササビ ------------ 32
ムフロン ----------- 78
群れ ---------- 17,18,73,74
耳 ----------- 12,67,68,80
目 --------------- 8
モウコノウマ --------- 78
盲導犬 ------------- 85
モグラ ------------- 56
モモンガ ---------- 31,32

や

ヤギ ---------- 62,76,85
ヤブイヌ ----------- 73
ヤマネ ----------- 71,72
ヤマネコ ------ 8,37,38,39,68
ヤンバルクイナ --------- 92
ユーカリ --------- 13,49,50
有たい類 ------------ 14
ユキウサギ ---- 55,63,64,71,91

ら

ライオン ------- 17,18,37,
　　　　　　　38,58,62,81
ラクダ ---------- 59,60
リカオン ----------- 73
リス ------------ 31,38
リビアヤマネコ -------- 78
離乳食 ------------ 50
類人えん ----------- 16
レッサーパンダ ------ 26,52
ろう爪 ------------ 54

95

多田歩実

イラストレーター。本書では文章・デザインも担当。
主な仕事に『ビジュアルガイド明治・大正・昭和のくらし③』(汐文社)
『シゲマツ先生の学問のすすめ』(岩崎書店)、『日本地図めいろランキング』(ほるぷ出版)
『占い大研究』(PHP研究所)、『にほんのあそびの教科書』(土屋書店)など。

参考文献一覧

『実験はかせの理科の目・科学の芽2　動物と友だちになろう』
『実験はかせの理科の目・科学の芽6　生き物のくらしと自然』
『実験はかせの理科の目・科学の芽13　動物と人のたんじょう』大竹三郎・著（国土社）
『生き物のなぜ?』井口泰泉・監修　ナムーラミチヨ・絵（偕成社）
『クマは「クマッ」となく?』熊谷さとし・著（偕成社）
『NHK子ども科学電話相談スペシャルどうして?なるほど!生きもののなぞ99』NHKラジオセンター「子ども科学電話相談」制作班・編集（NHK出版）
『ポプラディア情報館　理科の実験・観察　生物・地球・天体編』横山正監修（ポプラ社）
『教科書に出てくる生き物観察図鑑⑥動物・鳥―ウサギ・ツバメ・スズメなど』小宮輝之・監修（学研）
『すぐ調べられる「環境と生き物」①生物と環境編　生き物とすみかの関係を知ろう』内山裕之・監修（学研）
『大自然のふしぎ・動物の生態図鑑』今泉忠明／今福道夫／岩本俊孝／小野勇一ほか・指導・執筆（学研）
『ほんとのおおきさ　てがたあしがた図鑑』小宮輝之・著（学研）
『みんなでかんがえよう!生物多様性と地球環境1』京極徹・文　木村太亮・絵（岩崎書店）
『どうぶつのあしがたずかん』加藤由子・文　ヒサクニヒコ・絵　中川志郎・監修（岩崎書店）
『ならべてくらべる動物進化図鑑』川崎悟司・著（ブックマン社）
『小学館の図鑑NEO 新版 動物』三浦慎悟／成島悦雄／伊澤雅子／吉岡基／室山泰之／北恒憲仁・執筆・指導（小学館）
『日本動物大百科①哺乳類Ⅰ』『日本動物大百科②哺乳類Ⅱ』日高敏隆・監修（平凡社）
『動物の寿命～いきものたちのふしぎな暮らしと一生～』増井光子・監修（素朴社）
『絵とき　ゾウの時間とネズミの時間』本川達雄・文　あべ弘士・絵（福音館書店）
『見つけるぞ、動物の体の秘密』遠藤秀紀・著（くもん出版）
『ネコの本』カー・ウータン博士・著　カナヨ・スギヤマ・絵（講談社）
『動物・超・びっくりパワー』今泉忠明・著（旺文社）
『野生のイヌの百科』今泉忠明・著（データハウス）
『イヌのすべて調べ図鑑1～3』今泉忠明・著（汐文社）
『ふしぎがいっぱい!いのちの図鑑』室伏きみ子・監修（PHP研究所）

このほか、環境省ホームページなど多数Webサイトを参考にさせていただきました。

なぜなにはかせの理科クイズ④

動物のふしぎ

2015年1月30日　初版第1刷発行
著者／多田歩実
発行／株式会社　国土社
　　　〒161-8510 東京都新宿区上落合1-16-7
　　　Tel 03-5348-3710　Fax 03-5348-3765
　　　http://www.kokudosha.co.jp
印刷／モリモト印刷
製本／難波製本
NDC481／95P／22cm
ISBN978-4-337-21704-1

Printed in Japan ©A. TADA　2015
落丁本・乱丁本はいつでもおとりかえいたします。

| NDC481　国土社 |
| 2015　95P　22×16cm |